Citation: Jones, A.M., and Ellis, J. (2012). My Life As A Plant. Rockville, Md.: American Society of Plant Biologists.

Address correspondence to ASPB, 15501 Monona Drive, Rockville MD 20855 USA. www.aspb.org.

Library of Congress Cataloging-in-Publication Data
LC control no.: 2012939279
LCCN permalink: http://lccn.loc.gov/2012939279
Type of material: Book (Print, Microform, Electronic, etc.)
Personal name: Jones, Alan.
Main title: My life as a plant / Alan Jones, Jane Ellis.
Edition: 1st ed.
Published/Created: Rockville, MD : American Society of Plant Biologists, 2012.
Description: p. cm.
Projected pub date: 1206
ISBN: 9780943088020 (alk. paper)

Printed in the United States of America
First impression, June 2012, Minuteman Press, Inc.

Translation to Lithuanian language: Gyvenu kaip augalas / Vida Mildaziene, Arunas Balsevicius, 2015
ISBN: 978-0-943088-76-1

Gyvenu kaip augalas

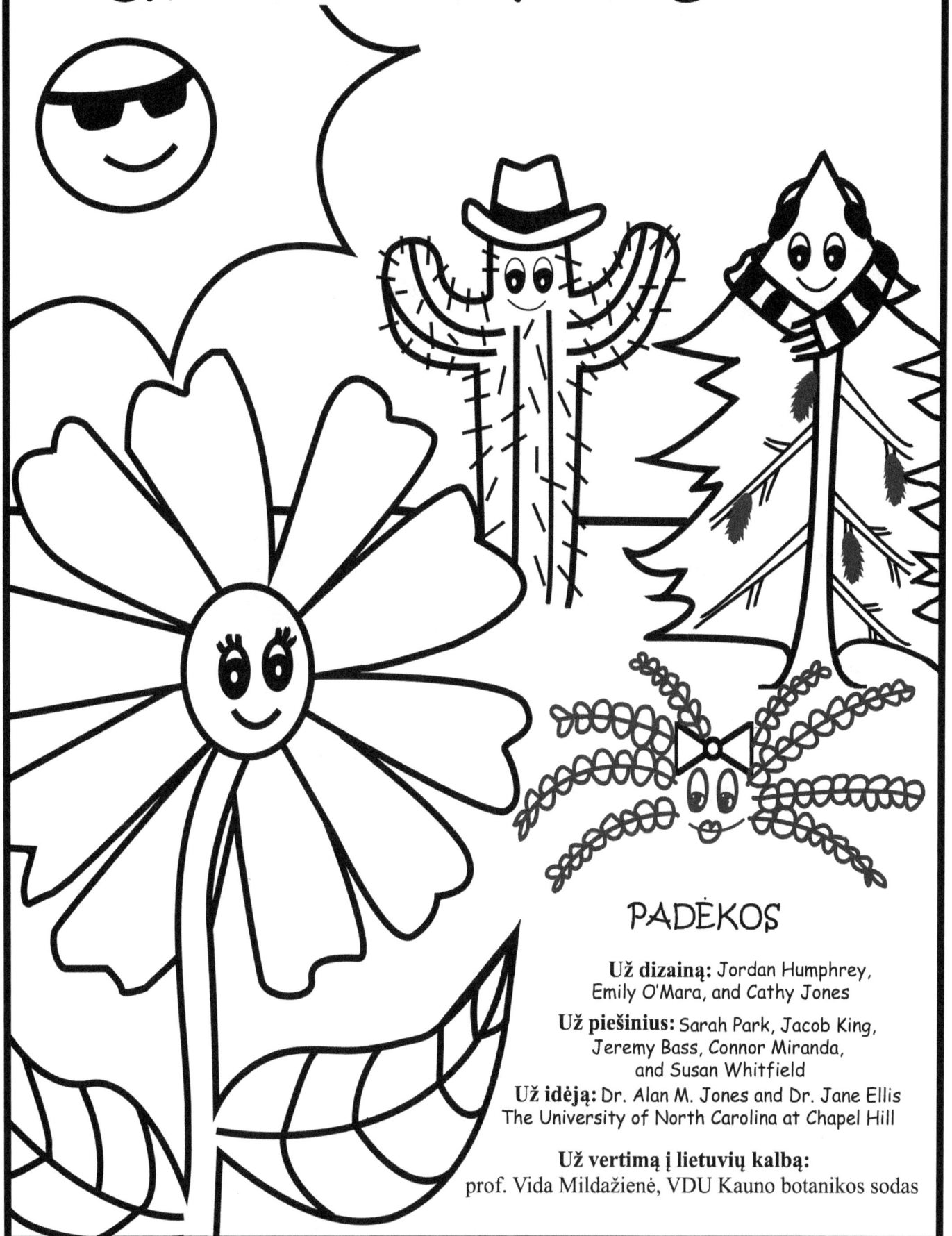

PADĖKOS

Už dizainą: Jordan Humphrey,
Emily O'Mara, and Cathy Jones

Už piešinius: Sarah Park, Jacob King,
Jeremy Bass, Connor Miranda,
and Susan Whitfield

Už idėją: Dr. Alan M. Jones and Dr. Jane Ellis
The University of North Carolina at Chapel Hill

Už vertimą į lietuvių kalbą:
prof. Vida Mildažienė, VDU Kauno botanikos sodas

"Sveiki! Mano vardas - Šalė saulėgrąža!
Mano šaknys yra po žeme, o mano lapai
ir stiebas - virš žemės stiebiasi link saulės."

Žiedlapis

Lapas

Stiebas

Šaknis

Augalai iš sėklų auga saulės link.
Padėk daigeliui rasti kelią į saulę.

3

"Man augti būtinas maistas - visai kaip ir TAU!"

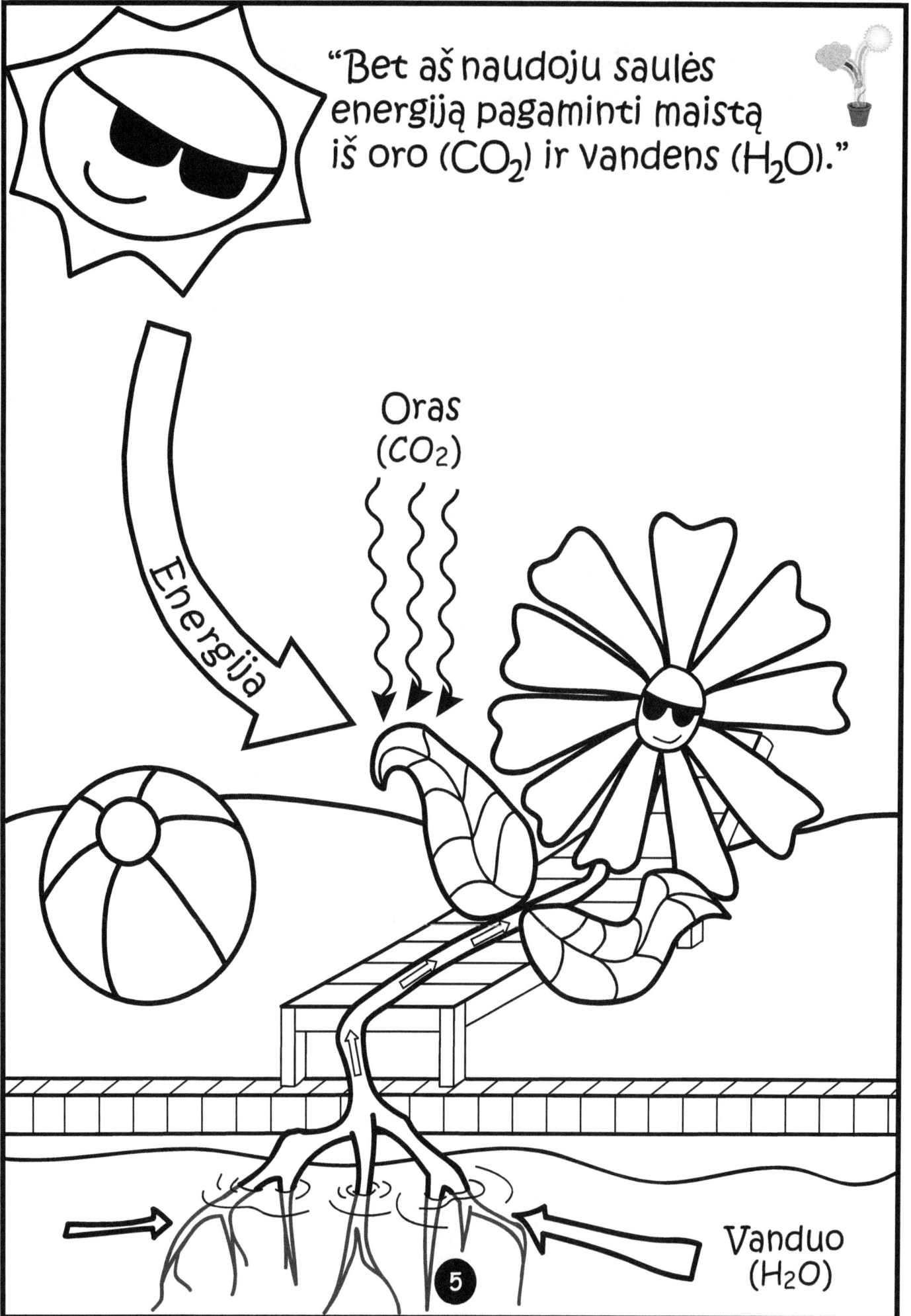

"Mums abiems reikia maisto, bet mes ji gaminame skirtingai. Palyginkime receptus."

Salės maistas
Fotosintezė

- saulė
- anglies dioksidas (CO_2)
- chlorofilas
- vanduo (H_2O)
- mineralai

Gerai sumaišyti, kad gautųsi cukrus ir deguonis

Žmonių maistas
Nekepti riešutų sviesto sausainėliai

- 8 sutrupinti krekeriai
- 1/4 puodelio razinų
- 1/4 puodelio riešutų sviesto
- 2 šaukšteliai medaus
- 4 šaukšteliai kokoso drožlių

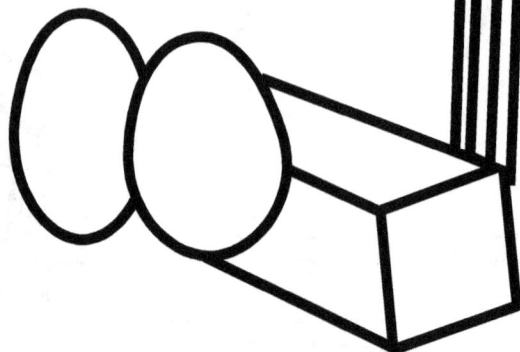

H_2O

cukrus

"Mmm... atrodo gardžiai. Eime gaminti! Visada paprašyk suaugusiųjų pagalbos."

Nekepti riešutų sviesto sausainėliai

Paprašyk suaugusiojo pagalbos

Sumaišyk:

krekerių trupinius,

razinas,

riešutų sviestą,

ir medų mažame dubenėlyje.

Sutrink šaukštu.

Spausk ir suformuok
8 kokoso riešutus.

Šaldyk kol sukietės.

Ar žinai, kad viskas iš ko gaminai
sausainius yra iš augalų?

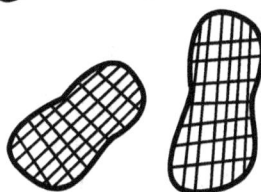

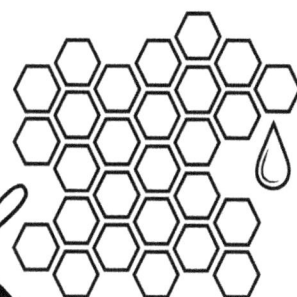

"Saulė padeda man pasigaminti maistą. Man taip pat reikia deguonies (O_2), vandens (H_2O) ir mineralų. Šie dalykai padeda mano maistui virsti energija!"

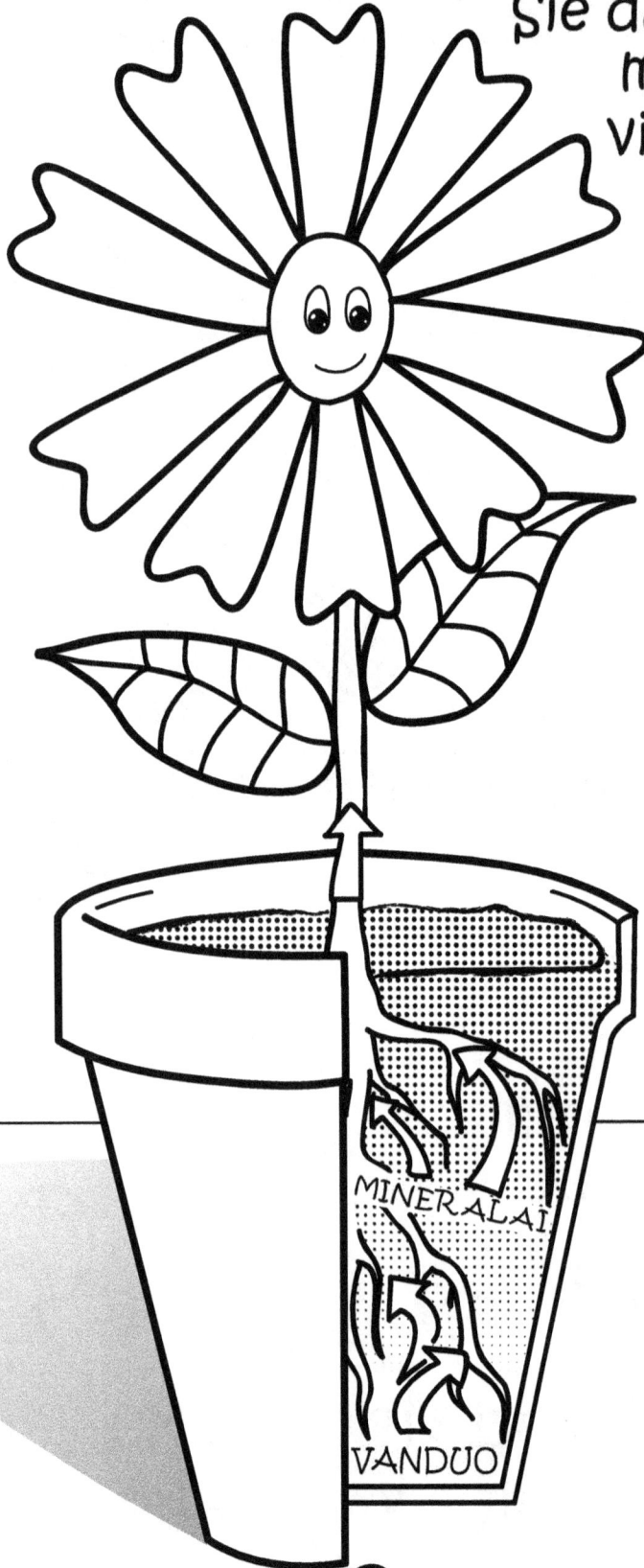

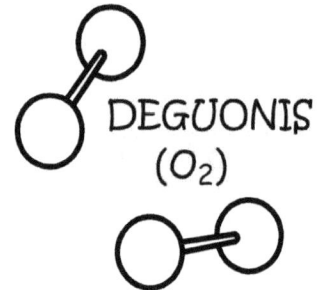

DEGUONIS (O_2)

MINERALAI

VANDUO

8

Augalai padeda gaminti orą,
kurio mums reikia.

"Jūs turite kaulus. Aš turiu ląstelių sieneles. Jie padeda mums būti tvirtais, kai augame."

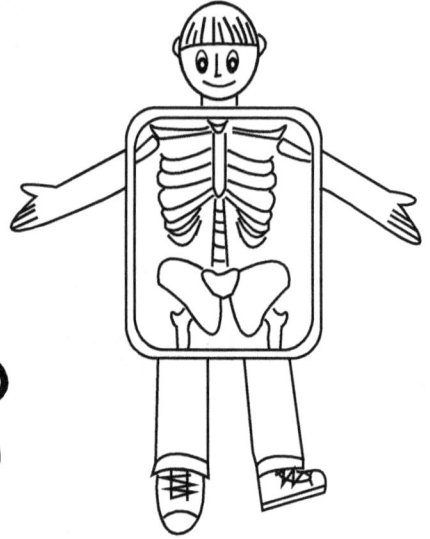

Nuspalvink ląstelių sieneles (S) rudai.
Nuspalvink ląsteles (L) geltonai.
Sujunk linijomis taškus Salės sienelėse.

Nuspalvink visus 🟢 žaliai. Jie vadinami "chloroplastais".
Jie suteikia Salei jos žalią spalvą.

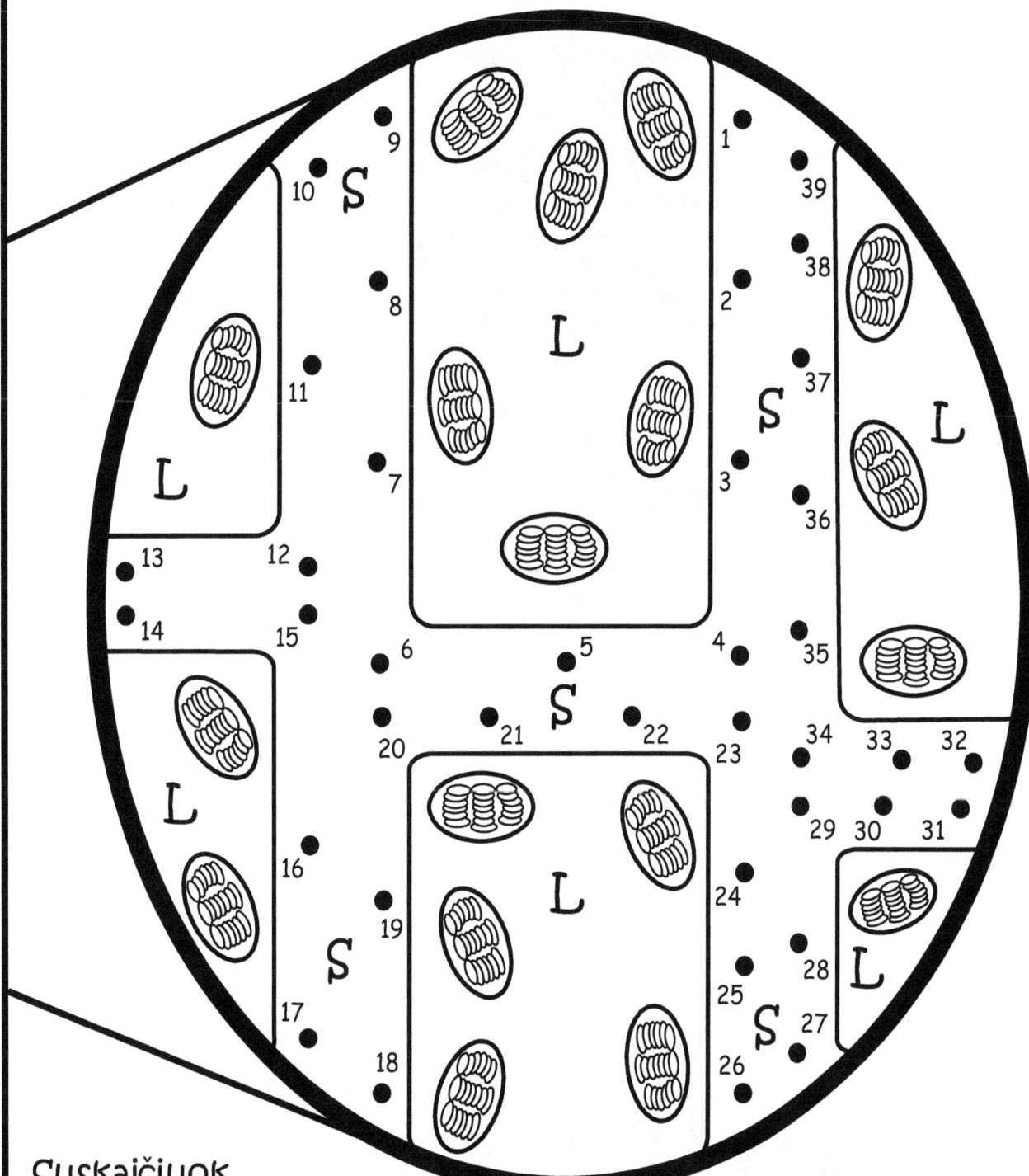

S

L

L

L

S

L

L

S

L

L

S

9
10
8
11
7
13   12
14   15
6   5   4
20   21   22   23
16
19
17
18
1
39
2
38
37
3
36
35
34   33   32
29   30   31
24
28
25   27
26

Suskaičiuok
geltonas
ląsteles _____

11

Suskaičiuok 🟢
žalius _____

"Tu į parką atsineši skysčio vabzdžiams atbaidyti. Aš moku jų atsikratyti be purškiklių!"

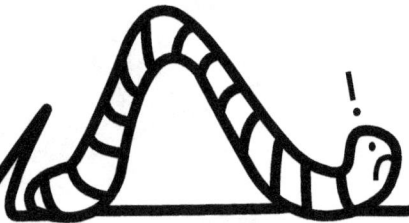

Augalus galima sužeisti, kaip ir tave.
Augalai ataugina naujas dalis, žmonės to
padaryti negali.
Nupiešk naujas šaknis gėlei, kuri sužeista
kastuvu. Gėlės atrodo nuliūdusios. Gal
pralinksmės, jei nuspalvinsi?

13

"Sujunk taškus, kad pamatytum kokia esu! Nuspavink mane."

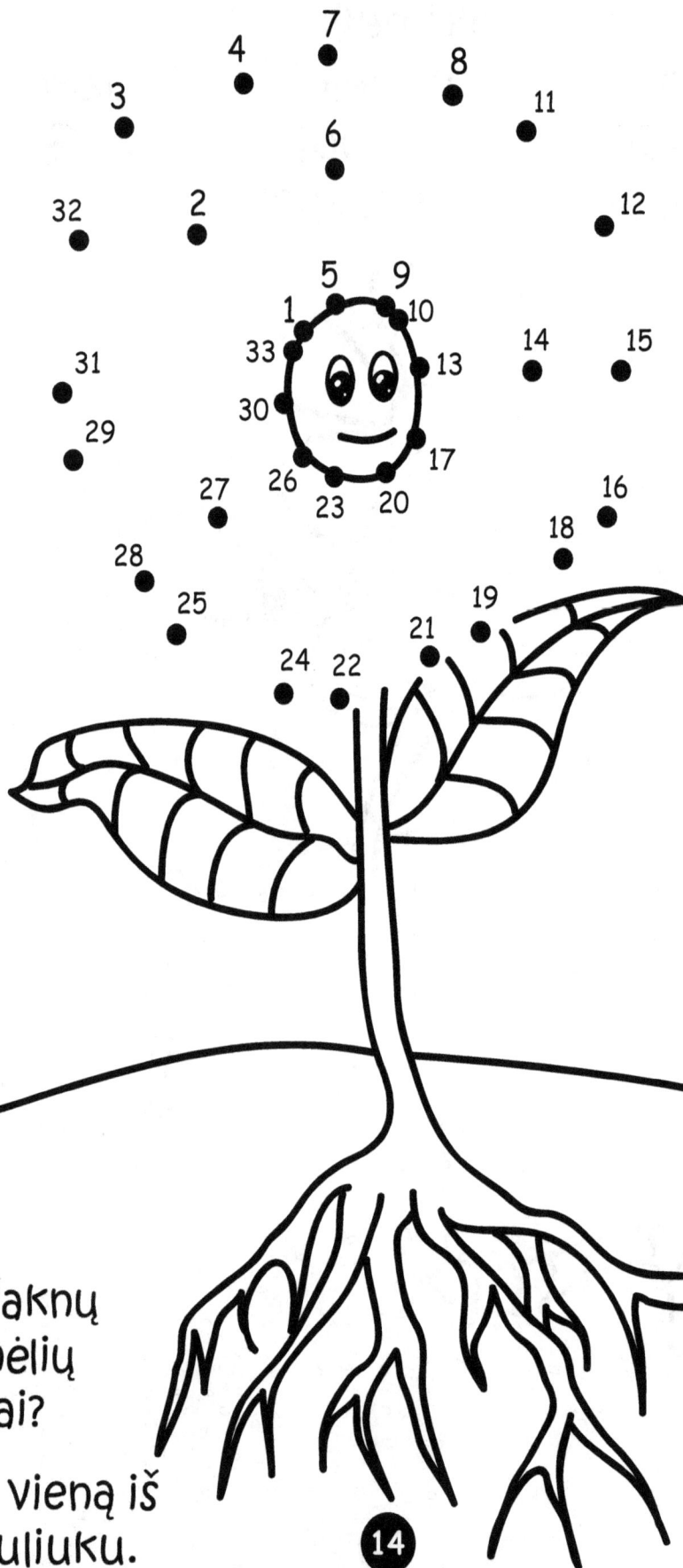

4 7 8
3 6 11
32 2 12
5 9
1 33 10
31 13
30 14 15
29 17
27 26 16
23 20 18
28 19
25 21
24 22

14

Kiek šaknų
viršūnėlių
matai?

Pažymėk vieną iš
jų skrituliuku.

Ar gali rasti augalo dalis?
Nubrėžk linijas -
nuo pavadinimo į šalės...

1. Žiedlapiai

2. Sėklos

3. Stiebas

4. Šaknys

Tai Šalės šeimos albumas

"Mano šeima labai sena. Jos atstovai
per daugelį metų labai pasikeitė.
Tačiau jie lėmė tai, kuo aš esu dabar!"

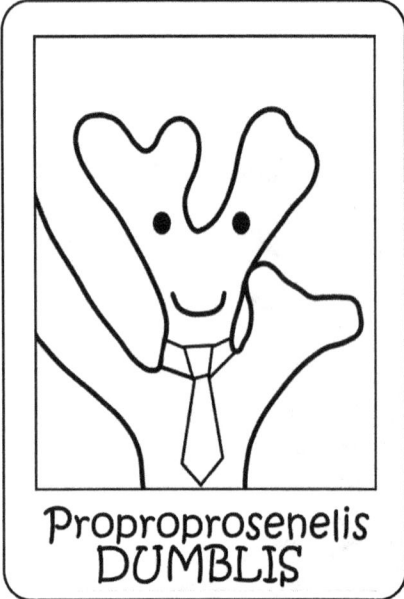

Proproprosenelis
DUMBLIS

Prosenelis
SAMANA

AŠ!

"Dabar papasakok man apie savo šeimą!
Ar gali taip pat nupiešti savo šeimos albumą?"

MAMA

TĖTĖ

Ar tavo
akys
panašios
į mamos, ar
į tėtės akis?

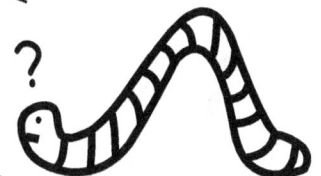

čia įrašyk savo vardą

?

"Mano draugai yra skirtingo dydžio ir formos."

18

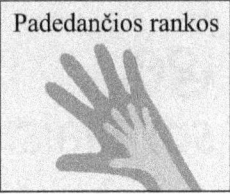

Keliauk tyrinėti!
Nupiešk ir nuspalvink tai, ką matai!

Rask įvairaus dydžio ir formų lapus.

Rask gyvūnus ir augalus, kurie gyvena kartu.

"Sveiki! Aš esu Didžioji pocūgė.
Gyvenu kalnuose. Visus metus esu su spygliais.
Mano vaikai auga iš sėklų.
Jos byra iš kankorėžių."

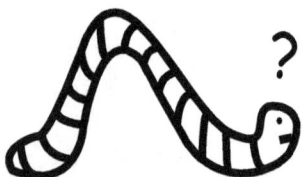

Labai įdomu, kiek mažų pocūgėlių
gali augti prie didelės pocūgės?

"Sveiki! Aš esu papartis Pranas. Gyvenu pavėsyje, medžių šešėlyje."

21

"Sveiki! Aš esu Kaktusas.
Gyvenu dykumoje. Ten karšta ir sausa."

Sujunk linija augalą ir jo gyvenamą vietą.

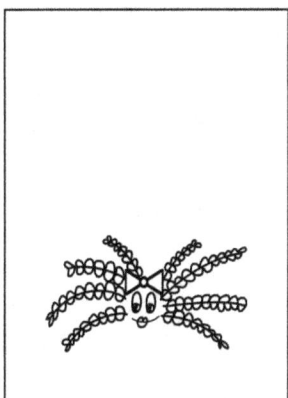

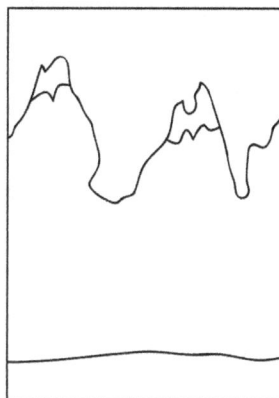

Nupiešk save

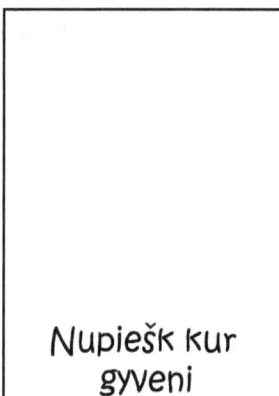

Nupiešk kur gyveni

"Kai greitai augu ir daug žaidžiu, pradeda kankinti troškulys! Reikia atsigerti vandens ir giliai pakvėpuoti!"

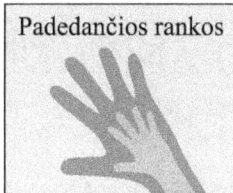

Augalų vandentiekis

Jums reikės:

- 1 puodelio (sunkesnio, kad neapsiverstų)
- 1 saliero stiebo
- maisto dažų ar kitų dažų

1. Pripildyk puodelį vandens iki pusės.
2. Įdėk 4 lašus dažų ir pamaišyk.
3. Nupjauk vieną pusę saliero stiebo.
4. Įdėk stiebą į vandenį nupjauta puse žemyn.
5. Kas atsitiks saliero stiebui? Nupiešk ko tikiesi.
6. Nupiešk, ką matai po 6 valandų.
7. Perpjauk stiebą, pažiūrėk kas jo viduje ir nupiešk tai.

Atlik tai ir su kitais augalais, turinčiais ilgą stiebą.
Ar visada atsitinka tas pats? Gal kas nors vyksta kitaip?

"Mano draugė Bitė padeda man skleisti žiedadulkes. Ji dirba taip sunkiai! Mėgstu dalintis su ja saldžiu nektaru."

Padėk Bitei - nubrėžk kelią, kaip pririnkti nektaro ir patekti į avilį!

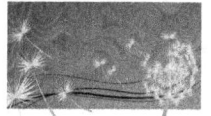

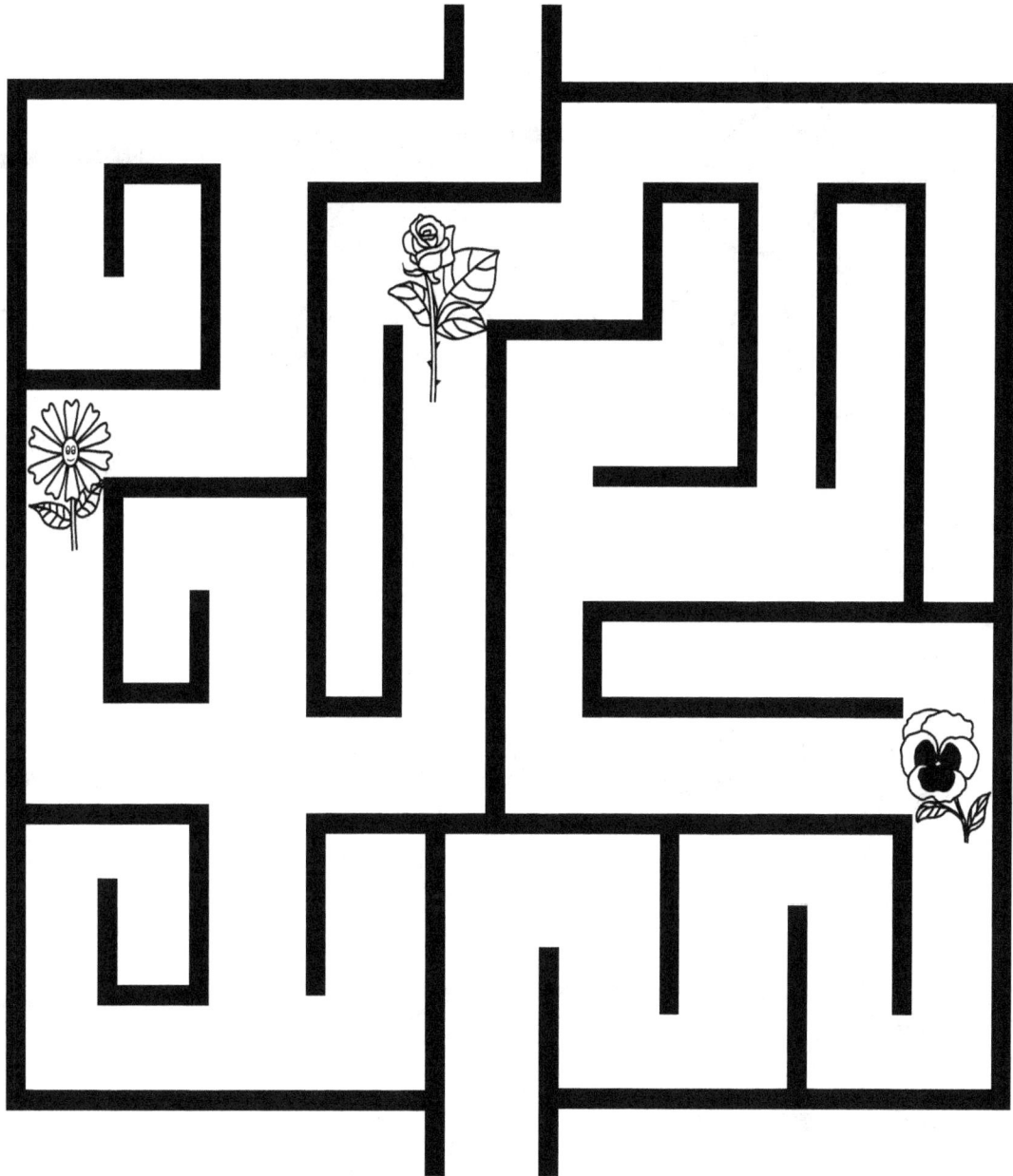

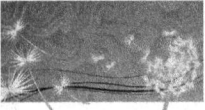
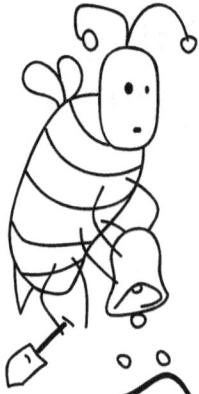

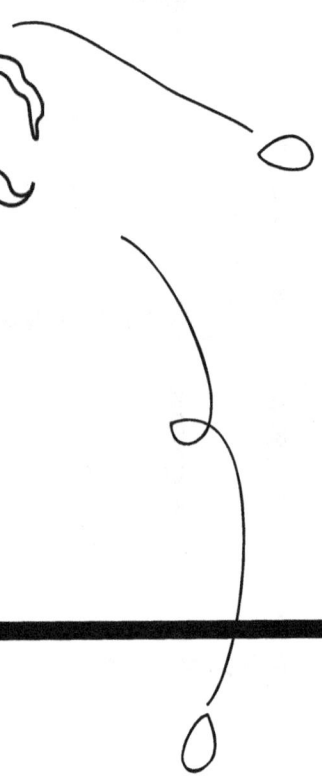
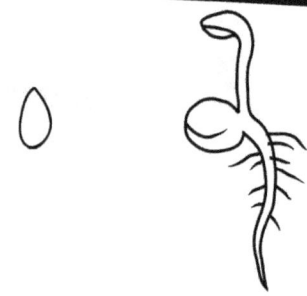

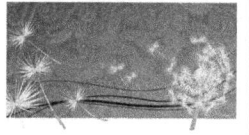
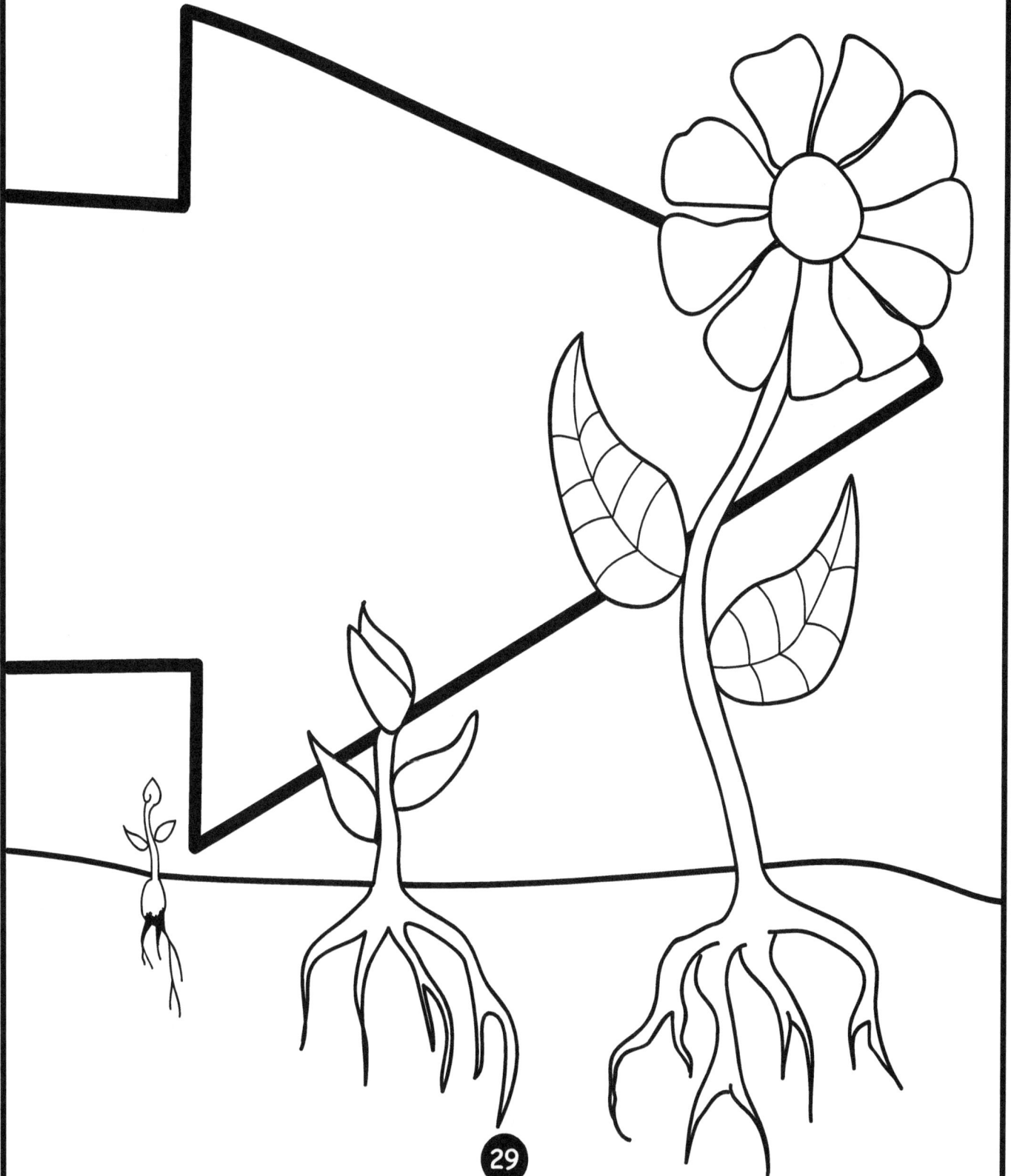

29

Lapai rudenį

Rudenį lapai nustoja gaminti chlorofilą
ir juose nelieka žalios spalvos.

Nuspalvink lapus rudens spalvomis.

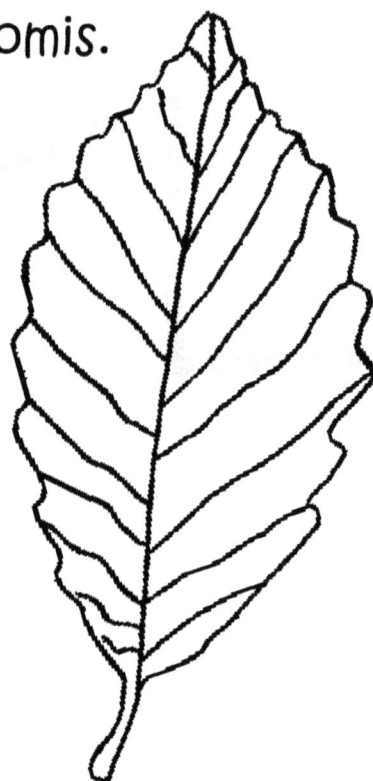

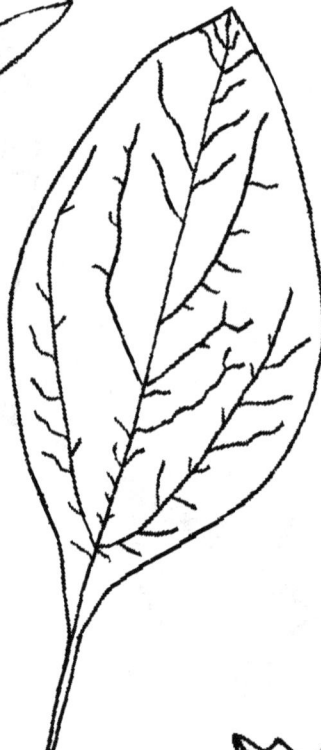

Visi šie daiktai pagaminti iš augalų.

Kruopos

Apibrėžk daiktus, kurie pagaminti iš augalų.

NAUJIENOS

Piešimo su augalais veikla

Padedančios rankos

Jums reikia:
- Įvairių spalvų daržovių, vaisių, gėlių ir prieskonių, pavyzdžiui, mėlynių (šviežių ar šaldytų), morkų, salotų, špinatų, kavos (gali būti tirpi), paruoštų garstyčių, kario miltelių ar kitų.
- Mažų indelių
- Teptukų arba vatos gabalėlių
- Vandens
- Peiliuko ir/ar grūstuvės
- Citrinos sulčių arba kepimo sodos

Smulkiai supjaustykite, sutrinkite ar sugrūskite grūstuve spalvotas augalines medžiagas. Į įvairius mažus indelius sudėkite sutrintas ar skystas augalines medžiagas ir įpilkite nedaug vandens. Maišykite, kol susidarys tankus skystis, kurį galima naudoti kaip dažus . Galite atskirti skystą dalį kavos filtru. Salotomis galima piešti, paklojus lapą ant popieriaus ir šonu ridenant per jį monetą – taip žalia spalva persikels ant popieriaus. Mėlynių ir daugelio kitų mėlynai violetinių daržovių ar gėlių spalva keičiasi iš tamsios į rausvą parūgštinus. Jeigu įlašinsite acto į mėlynių sultis, jos taps šviesiai rausvos. Lašelis ištirpintos sodos vėl suteiks mėlyną spalvą. Šiais dažais galite piešti, jais dažyti rūbus, skaidulas, virtus kiaušinius.

DAUGIAU VEIKLOS!
Pamaitink savo daržoves!

Jums reikia:
- Pakelio pupų sėklų
- 2 mažų puodelių sėkloms pasėti
- Smėlio
- Vandens
- Trąšų

Per naktį mirkykite vandenyje 6 sėklas. Užpildykite 2 indelius smėliu ir padėkite ant šviesios palangės. Į kiekviename indelyje esančio smėlio paviršių įterpkite po 3 sėklas. Kasdien stebėkite kas vyksta. Laistykite, jokiu būdu neleiskite smėliui visai išdžiūti! Daigams pradėjus augti, į vieną iš puodelių įpilkite vandens su trąšomis (jų kiekis turi atitikti instrukcijas and trąšų pakuotės). Į kitą puodelį trąšų nedėkite. Po 3-4 savaičių išimkite augalus iš smėlio ir juos nupieškit žemiau.
Kodėl augalai augo skirtingai?

Augalai su trąšomis	Augalai be trąšų

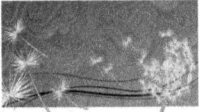

DAUGIAU VEIKLOS!
Kaip atsiranda augalai?

Padedančios rankos

Jums reikia:
- Daržinių pupelių sėklų
- Mažų puodelių sėkloms pasėti
- Substrato
- Vandens

Vieną valandą mirkykite vandenyje pupelių sėklas. Padedant tėvams, paimkite vieną sėklą ir atskirkite dvi jos puses vieną nuo kitos. Apžiūrėkite augalo vaikelį iš vidaus, raskite mažas šaknis ir lapelius. Per naktį mirkykite vandenyje 8 sėklas. Užpildykite indelius drėgnu substratu, pasodinkite į juos po sėklą ir padėkite ant šviesios palangės. Kasdien stebėkite kaip pupelės auga. Neužmirškite laiku palaistyti savo augintinių.
Galite taip pat nupjauti morkos viršūnę ir padėti į plokščią indą su vandeniu. Neleiskite vandeniui išdžiūti ir pastebėsite, kaip galima užauginti augalą be sėklos.

KUR MAN AUGTI?

Jums reikia:
- Daržinių pupelių sėklų
- Mažų puodelių sėkloms pasėti
- Substrato
- Vandens

Per naktį mirkykite vandenyje 8 sėklas. Užpildykite 2 indelius drėgnu substratu i į kiekvieną iš jų įdėkite po 4 sėklas. Padėkite indelius ant šviesios palangės ir kasdien stebėkite. Laistykite taip, kad substratas neišdži tų! Augalams pasiekus 12-15 cm aukštį, vieną iš puodelių atsargiai apverskite ant šono. Kaip manote, kas dabar atsitiks augalams? Visą savaitę stebėkite, kas vyksta. Praėjus maždaug 10 dienų, iškimkite augalus iš abiejų indelių ir nuplaukite žemes. Kas atsitiko augalams, augusiems nevienodai stovinčiuose puodeliuose?
Padėkite augalus ant popieriaus ir nupieškite juos sekančiame puslapyje. Jūsų nuomone, kas sukėlė augimo pokyčius?
Pakartokite eksperimentą, tik vieną indelį laikykite tamsoje, o kitą – šviesoje. Kaip manote, kas atsitinka tamsoje augantiems augalams? Po dešimties dienų tamsoje augusius augalus perkelkite į šviesą. Kuo skiriasi augalų augimas šviesoje ir tamsoje?

Nupiešk ir nuspalvink savo augalus čia.

Mokytojams, Tėvams, Docentams:

Ši spalvinimo ir veiklos knygelė buvo sukurta
Amerikos Augalų Biologijos Draugijos
(American Society of Plant Biology)
iniciatyva, siekiant nuo mažens skiepyti Draugijos
požiūrį ir padėti visiems žmonėms suvokti augalų svarbą,
grožį ir didžiulę įtaką mūsų kasdienam gyvenimui.
Šioje knygoje pateikti 12 Augalų Biologijos principų
(juos rasite kitame puslapyje),
kuriuos Draugijos Edukacijos fondas suformulavo
taip, kad galėtų suprasti ir įvertinti mažieji skaitytojai.

Knygele tikimasi suteikti džiaugsmo, veiklos ir žinių apie
augalų anatomiją, fiziologiją, ekologiją ir evoliuciją.

Knygos kopijas anglų kalba galite gauti info@aspb.org
Daugiau informacijos apie laisvai prieinamą edukacinę
medžiagą yra http://www.aspb.org/education

www.ingramcontent.com/pod-product-compliance
Lightning Source LLC
Chambersburg PA
CBHW051429200326
41520CB00023B/7413